# BEI GRIN MACHT SICH IHR WISSEN BEZAHLT

- Wir veröffentlichen Ihre Hausarbeit, Bachelor- und Masterarbeit

- Ihr eigenes eBook und Buch - weltweit in allen wichtigen Shops

- Verdienen Sie an jedem Verkauf

Jetzt bei www.GRIN.com hochladen und kostenlos publizieren

# Auswahl und Installation einer geeigneten PV-Anlage

Anja Klewe

**Bibliografische Information der Deutschen Nationalbibliothek:**

Die Deutsche Nationalbibliothek verzeichnet diese Publikation in der Deutschen Nationalbibliografie; detaillierte bibliografische Daten sind im Internet über http://dnb.d-nb.de abrufbar.

ISBN: 9783346697882
Dieses Buch ist auch als E-Book erhältlich.



Druck und Bindung: Books on Demand GmbH, Norderstedt Germany
Gedruckt auf säurefreiem Papier aus verantwortungsvollen Quellen



Das Buch bei GRIN: https://www.grin.com/document/1255459

*Praxisprojekt*

# Auswahl und Installation einer geeigneten PV-Anlage

Praxisprojekt im Rahmen des berufsbegleitenden Studiums
Wirtschaftsingenieurwesen

vorgelegt von:    Anja Klewe

Abgabetermin:    2022-07-06

# I. Inhaltsverzeichnis

## II.    Abbildungsverzeichnis



Anmerkung der Redaktion: Einige Abbildungen wurden aus urheberrechtlichen Gründen entfernt.

# III.  Abkürzungsverzeichnis

| | |
|---|---|
| PV | Photovoltaik |
| PSP | Projektstrukturplan |
| KW | Kalenderwoche |
| Abb. | Abbildung |

## 1 Einleitung

Solarmodule auf dem Dach können Geld sparen, sind nachhaltig und sorgen für eine teilweise unabhängige Stromversorgung. Die ersten Überlegungen zu dem vorliegenden Projekt, fanden bereits im November 2021 mit dem Gedanken der Energiewende und der nachhaltigen Ausrichtung statt. Nach dem Februar 2022 kommt ein weiterer Faktor hinzu: Die politische Lage hat sich dramatisch verändert und die Entscheidung zu diesem Projekt wurde hierdurch bestärkt. Positiv für eine fristgerechte Umsetzung war dabei die frühe Entscheidung zum Kauf einer Anlage, da es aktuell zu Lieferengpässen und starken Preiserhöhungen kommt.

Der Praxisbericht im Rahmen des berufsbegleitenden Studiums zum Wirtschaftsingenieur im Bereich erneuerbare Energien ist in drei Hauptteile gegliedert: Im ersten Teil wird die Ausgangslage und die Voraussetzungen für eine Installation einer Anlage beschrieben und es werden erste Stromverbrauchsdaten erfasst, die als Grundlage für die Auswahl einer geeigneten PV-Anlage dienen sollen.

Im zweiten Teil sollen die Absprachen und Abläufe der Installation der eigentlichen PV-Anlage dargelegt werden.

Im letzten Abschnitt sollen die erfassten Daten mit denen verglichen werden, die jeweils vor und nach der Installation vorliegen.

Im Abschluss erfolgen ein Nachweis zur Wirtschaftlichkeit sowie ein Fazit zum Projekt.

# 2 Begriffserklärung

Mit Photovoltaik ist die direkte Umwandlung von Sonnenstrahlung in elektrische Energie gemeint.

Eine PV-Anlage besteht mindestens aus einem Solarmodul, einem Wechselrichter, sowie dem Anschluss an das Stromnetz oder einer Batterie. Je nach Aufbau der Anlage, kann es sich dabei um eine Inselanlage handeln, um die Möglichkeit der Einspeisung in das Netz oder um eine vorübergehende Speicherung der zu viel produzierten Energie in eine Batterie, die nach Bedarf verbraucht werden kann.

## 2.1. Aufbau und Funktion PV-Modul

Es wird hauptsächlich zwischen Solarzellen aus kristallinem und amorphem Silizium unterschieden. Mittlerweile kommen auch andere dünnschichtige Materialien in den Zellen zum Einsatz, wie Cadmiumtellurid oder Kupfer-Indium-Sulfid (Quaschning, 2019).

In Abbildung 1 ist eine Solarzelle dargestellt, es werden mehrere dieser Solarzellen zu einem Modul verschaltet, wie in Abbildung 2 zu sehen ist. Abhängig vom Energiebedarf besteht eine PV-Anlage aus mehreren Modulen.

Die in der Sonnenstrahlung enthaltenen Protonen sorgen dafür, dass elektrischer Strom entsteht. Dank dem photovoltaischen Effekt gehen Elektronen aus einer Schicht in eine andere über und erzeugen dadurch einen elektrischen Strom.

Das Halbleitermaterial Silizium ist normalerweise nicht elektrisch leitfähig, durch die auftreffende Strahlung werden einzelne Elektronen aus den Siliziumatomen herausgelöst, die sich an andere Atome anheften können – das Silizium wird dadurch leitfähig.

Dieser Effekt wird gezielt eingesetzt, um Defekte mit Fremdatomen im Silizium zu erzeugen. Dieser Vorgang nennt sich Dotierung. Hierfür genutzte Fremdatome sind Bor mit drei Elektronen und Phosphor mit fünf

Elektronen auf der Außenschale. Da Silizium vier Elektronen auf der äußeren Schale besitzt, kann somit Bor eine Fehlstelle (Loch) ausgelöst werden, diese wird als p-Dotierung bezeichnet. Die Siliziumschicht ist dementsprechend positiv geladen. Das Phosphoratom sorgt hingegen dafür, dass ein Elektronenüberschuss entsteht, eine p-Dotierung. Diese Schicht ist negativ geladen (Quaschning, 2019).

## 2.2. Wechselrichter

Die entstehende elektrische Gleichspannung wird über Metallkontakte abgenommen. Da das Stromnetz mit Wechselstrom arbeitet, muss diese über Gleichstromkabel im Wechselrichter zu Wechselstrom gewandelt werden.
Ausnahmen bilden hier nur Inselanlagen ohne Anschluss an das Stromnetz (Wagner, 2019), beispielsweise eine Gartenlaube, deren Licht mit Gleichstrom betrieben wird.

## 2.3. Plug & Play-Anlage

Als Plug & Play-Anlage oder auch Balkonkraftwerke, bezeichnet man Mini-Solaranlagen, die direkt an die Steckdose einer Wohnung angeschlossen werden können. Sie bestehen zumeist aus einem beziehungsweise wenigen Solarmodulen und einem Wechselrichter. Auch hier ist es möglich, eine Batterie zum Speichern von nicht direkt verbrauchter Energie zwischenzuschalten. Erst seit 2018 ist es offiziell gestattet, eine derartige Anlage an einen vorhandenen Endstromkreis anzuschließen (Deutsche Industrienorm , 2018). Jedoch ist zu berücksichtigen, dass herkömmliche Schuko-Steckdosen nicht für den Anschluss einer solchen PV-Anlage zugelassen sind. Es muss zuvor eine spezielle Energiesteckdose, eine Wieland-Steckdose, von einem Elektriker installiert werden. In Internetforen und auch bei einigen Herstellern solcher Anlagen ist teilweise zu lesen, dass Anlagen bis zu 600 Watt direkt über die

Schuko-Steckdose angeschlossen werden dürfen. Die DIN VDE V 0100-551-1 schreibt jedoch den Anschluss über eine Energiesteckdose vor (Bundesnetzagentur).

In der Praxis wird und kann dies nicht kontrolliert werden, sodass vielfach zur einfachen Variante über die Schuko-Steckdose gegriffen wird.

Laut einiger Anbieter akzeptieren manche Versorger auch die Schuko-Steckdose (Alpha Solar, 2022) (bau-tech Solarenergie, 2022). Jedoch ist dies zuvor immer mit dem jeweiligen Versorger abzusprechen, da unter Umständen eine Versicherung unwirksam wird und die Privatperson für mögliche Schadensfälle aufkommen muss. Es empfiehlt sich daher immer zu einem Wieland-Anschluss zu greifen.

# 3 Planungsphase

In der Planungsphase wurde bereits mit einer Projektskizze begonnen, die teilweise mit in dem Abschnitt einfließt. Die Projektskizze liegt vor und kann bei der Projektleitung angefragt werden.

## 3.1 Ausgangslage

Aufgrund steigender Energiepreise sowie im Sinn der Nachhaltigkeit soll für ein Einfamilienhaus eine geeignete Photovoltaikanalage ermittelt werden. In der bereits vorliegenden Projektskizze und dem Projektauftrag wurden die Voraussetzungen für eine PV-Anlage beschrieben. Zusammenfassend sollen die Anlagenkosten 3.400 €, inklusive Personalkosten der Projektleitung, nicht überschreiten und eine Installation auf der Gartenlaube möglich sein. Auch soll eine Gewerbeanmeldung und ein steuerlicher Mehraufwand vermieden werden.

## 3.2 Projektziel

Ziel des Projekts ist es, nach den vorgegebenen Beschränkungen der Richtlinien und Eigentümer sowie der Terminplanung, eine PV-Anlage zu installieren und den Nachweis der Wirtschaftlichkeit zu erbringen. Die geplanten Kosten sollen dabei nicht überschritten werden. Es ist nicht erforderlich, überschüssigen Strom für das öffentliche Netz zu generieren, da keine Vergütung erfolgen soll. Ziel ist es, mit der Anlage die Grundlast bei Sonneneinstrahlung zu decken und innerhalb von zehn Jahren eine Amortisation zu erreichen.

Das oberste Projektziel ist die Zufriedenheit der Auftraggeber, in diesem Fall der Hauseigentümer.

## 3.3 Projektskizze

In der bereits erwähnten Projektskizze wurde intensiv auf die Planungsphase und die ersten Überlegungen eingegangen und ein Projektauftrag erstellt. Dieser ist in Anhang I beigefügt.

Nach Kontaktaufnahme mit den Stadtwerken Wernigerode wurde deutlich, dass die Voraussetzungen für eine Solaranlage gegeben sind, dabei aber die folgenden Punkte zu berücksichtigen sind:

- Geeigneter Stromzähler
- Anlagengröße bis 600 Watt ohne Genehmigung, > 600 Watt genehmigungspflichtig
- Wieland-Steckdose
- Installation und Anmeldung durch zugelassenen Installateur

Der vorhandene Stromzähler, ein Drehscheibenstromzähler, ist nicht zugelassen für den Anschluss einer PV-Anlage. Auch ist keine digitale Erfassung von Daten möglich, die in dem vorliegenden Projekt dargelegt werden sollen. Ein geeigneter Stromzähler wird kostenlos gewechselt, jedoch benötigt das Datenerfassungssystem einen auslesbaren Stromzähler, dessen Wechsel nicht inbegriffen ist.

Eine Anlage bis 600 Watt benötigt keine Genehmigung durch die Stadtwerke, jedoch eine Anmeldung (Stadtwerke Wernigerode, 2022). Hier war zu überlegen, ob dennoch eine größere Anlage, mit einem Genehmigungsprozess sinnvoll war oder hierauf verzichtet werden konnte. Dabei spielt der Ort der Anlage eine wichtige Rolle, da dieser aufgrund der geringen Fläche deutlich eingeschränkt ist.

Wie bereits unter Punkt 2.2 ausgeführt, existieren Anlagen, die direkt über einen Schuko-Stecker an den Stromkreis angeschlossen werden und somit ohne Installateur angeschlossen werden können. Die Zulässigkeit dieses Anschlusses ist durch die jeweiligen Stadtwerke anzufragen. Bei einer Genehmigung bleibt jedoch die Versicherungsfrage unbeantwortet. Im Fall der Stadtwerke Wernigerode ist die Installation der Anlage ausschließlich über einen Wieland-Anschluss gestattet, die Stadtwerke verweisen dabei auf den Verband der Elektrotechnik Elektronik Informationstechnik e. V. Der entsprechende Wieland-Anschluss macht die Beauftragung eines zugelassenen Installateurs erforderlich (VDE FNN, 2018).

# 4 Durchführungsphase

In der Durchführungsphase wurden Daten gesammelt, um eine geeignete Anlagengröße zu ermitteln. Nach Installation der Anlage wurden diese erneut abgeglichen, um später die Wirtschaftlichkeit ermitteln zu können.

## 4.1 Datensammlung

Die Datensammlung besteht aus der Erfassung und Auswertung der Daten, sowie einer Ertragsermittlung für eine mögliche PV-Anlage.

### 4.1.1 Datenerfassung

In der ersten Durchführungsphase sollte die Grundlage für eine Datenbasis geschaffen werden, auf der die nachfolgenden Entscheidungen getroffen werden können. Da, wie in Abschnitt 3.3 bereits erwähnt wurde, ein Zähleraustausch erforderlich ist, wurde in diesem Zusammenhang ein kompatibles Datenerfassungssystem recherchiert, das für auslesbare Zähler geeignet ist.

Abb. 5: Poweropti (power42 GmbH)

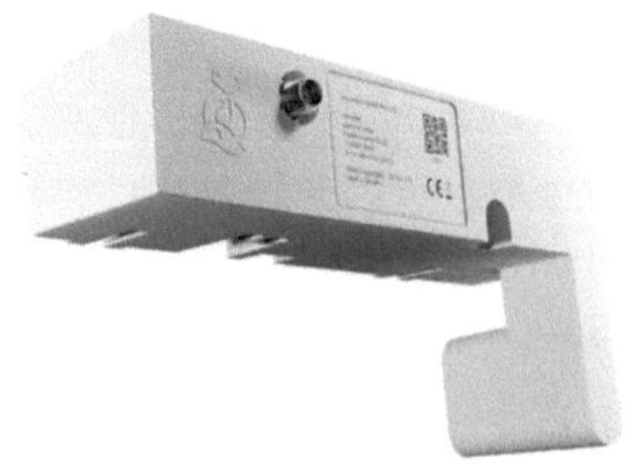

Abb. 6: Poweropti+ (power42 GmbH)

Das Datenerfassungssystem Powerfox bietet zwei Bauarten an: das erste Modell mit externer Stromversorgung wie in Abbildung 5 zu sehen, und ein zweites Model mit Stromversorgung über den Stromzähler selbst, gezeigt in Abbildung 6.

Nach Rücksprache mit den Stadtwerken wurden die auslesbaren Zähler EasyMeter Q3A A3174 verbaut. Diese bieten eine zusätzliche Stromversorgung, die für den Poweropti+ in Abbildung 6 geeignet ist.

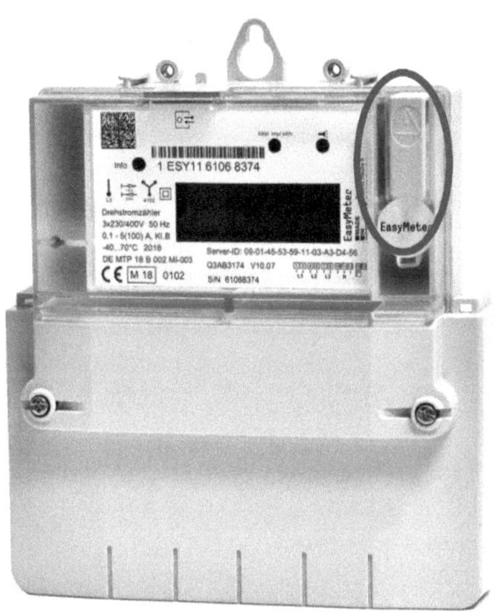

Abb. 7: EasyMeter (EasyMeter GmbH)

In der Whitelist des Herstellers - hier ein Begriff für eine Liste der kompatiblen Stromzähler - werden alle Stromzähler, die mit den jeweiligen Poweropti-Modellen kompatibel sind, aufgelistet (power42 GmbH).
Der Poweropti+ wird an der markierten Stelle mit dem in Abbildung 7 gezeigten Stromzähler verbunden. An der Markierung ist die vorhandene Stromversorgung dargestellt. Der Poweropti+ wird anschließend per WLAN verbunden und kann über eine App gesteuert werden. Diese App erfasst alle vorhandenen Verbrauchdaten auf die Viertelstunde genau.

Der Zählertausch wurde 2021 in der KW 43 von einem Mittarbeiter der Stadtwerke nach vorangegangener Absprache durchgeführt und auch für eine unentgeltliche Erfassung der Stromeinspeisung freigegeben. Ebenfalls in der KW 43 erfolgte die Installation und Aktivierung des Datenerfassungssystems, dieses wurde durch die Projektleitung installiert. Der Terminplan für Meilenstein 1.1 und 1.2 wurde eingehalten und kann Anhang II entnommen werden.

## 4.1.2 Datenauswertung

Die erste Datensammlung sollte von der KW 44 2021 mindestens bis zu
KW 07 2022 erfolgen. Da ausreichend Daten vorliegen, können die Monate
Dezember bis März betrachtet werden. Im November wurde der
Poweropti+ installiert, daher konnte nicht der volle Monat erfasst werden.

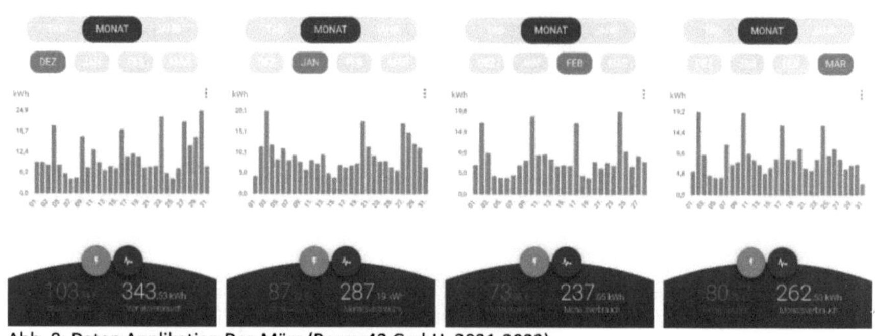

Abb. 8: Daten Applikation Dez-März (Power42 GmbH, 2021-2022)

Das Projekt betrifft eine Kleinanlage, auch Balkonkraftwerk oder Plug &
Play-Anlage genannt, daher muss berücksichtigt werden, dass das Ziel
keine vollständige Eigenversorgung durch die Anlage ist.
Eine Kleinanlage speist zu viel erzeugten Strom ohne eine ausreichende
Eigenabnahme unentgeltlich in das Netz der Stadtwerke ein. Das Ziel
muss daher sein, dass dieser Anteil gering bleibt und lediglich die
Grundlasst in den Sonnenstunden gedeckt wird.
Abbildung 8 stellt die Monatsübersicht des Verbrauchs aus der App des
Poweropti+ dar, die Ausreißerwerte sind wie folgt erklärbar: Die
Eigentümer besitzen eine Sauna, die einmal pro Woche betrieben wird.
Dieser Verbrauch kann und soll nicht über die Solaranlage gedeckt
werden, sondern wie bereits erwähnt lediglich die Grundlast. Somit muss
diese zunächst ermittelt werden.

Im Rahmen der Projektskizze wurden bereits Vorbetrachtungen und Auswertungen für die Wintermonate Dezember bis März erstellt, eine grobe Übersicht ist Abbildung 9 zu entnehmen.

Die Daten für diese Monate liegen in digitaler Form als Exceltabelle vor und können im Rahmen des Projekts bei der Projektleitung angefragt werden.

In Abbildung 10 ist ein Verbrauchsdiagramm abgebildet, das den Grundbedarf über den Zeitraum von Dezember bis März verdeutlicht. Der maximale Verbrauch ist dabei nicht relevant, daher wurde die Skala so gewählt, dass die Grundlast deutlich zu erkennen ist. Diese ist durch die grüne Linie gekennzeichnet.

| Kalkulation | | |
|---|---:|---|
| | **Verbrauch** | |
| **Winter** | | |
| Wochentag | | |
| 9 - 15 Uhr | 160 | Watt/h |
| 11-12 Uhr Peek Sun | 160 | Watt/h |
| | | |
| **Frühling/Herbst** | | |
| Wochentag | | |
| 6 - 8 Uhr | ca. 400 | Watt/h |
| 8 - 15 Uhr | 160 | Watt/h |
| 15 - 17 Uhr | ca. 1000 | Watt/h |
| 11-12 Uhr Peek Sun | 160 | Watt/h |
| | | |
| **Sommer** | | |
| Wochentag | | |
| 6 - 8 Uhr | 400 | Watt/h |
| 8 - 15 Uhr | 160 | Watt/h |
| 15 - 17 Uhr | ca. 1000 | Watt/h |
| 17 - 18 Uhr | ca. 600 | Watt/h |
| 11-12 Uhr Peek Sun | 160 | Watt/h |

Abb. 9: Verbrauchsdaten (eigene Darstellung)

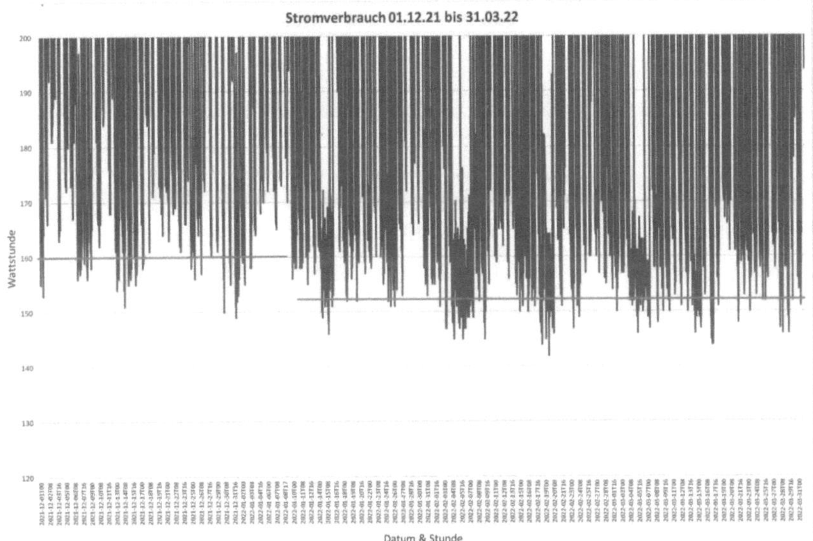


Abb. 10: Verbrauchsdaten 01.12.21 bis 31.03.22 (eigene Darstellung)

Im Zeitraum von Dezember bis Mitte Januar liegt die Grundlast bei den bereits zuvor ermittelten 160 Watt. Von Mitte Januar bis März ist die Grundlast leicht gesungen und liegt hier bei circa 153 Watt.

Ab April wird mit einer maximalen Grundlast von 160 bis 200 Watt gerechnet, da an einigen Tagen eine Teichpumpe betrieben wird.

Es ist also zu berücksichtigen, dass eine Grundlast von circa 150 bis 200 Watt gedeckt werden kann, ohne in das Netz einzuspeisen.

### 4.1.3 Daten PV-Anlage

Bei der Wahl einer geeigneten PV-Anlage wurde im Vorfeld die Modulgröße auf zwei bis drei Module begrenzt, da der Ort der Anlage sich auf die Fläche einer Gartenlaube beschränkt, wie in Abbildung 11 zu sehen ist. Die

Abb. 11: Dach Gartenlaubenseite (eigene Darstellung)

Traglast, inbegriffen der Schneelast, wird dabei nach DIN EN 1991-1-3 (Deutsche Industrienorm, 2015) nicht überschritten. Die Begrenzung entspricht einer Anlage mit einer Leistung von circa 600 bis 1000 Watt. Berücksichtigt werden muss der Wirkungsgrad der Anlage sowie der Winkel und die Ausrichtung der Fläche.

Die für die Solaranlage eingeplanten Dachfläche ist in Richtung Osten ausgerichtet und hat eine Dachneigung von circa 18 Grad. Anhand von Abbildung 12 kann nun eine Wirkleistung aufgrund der Ausrichtung und Neigung von circa 86% ermittelt werden.

## Dachneigung und -ausrichtung wirken sich auf den Ertrag aus

**SOLARTERRASSE** Premium

Prozentanteil vom maximal möglichen Ertrag in Abhängigkeit der Ausrichtung und der Dachneigung

Top Wirkungsgrad bei jeder Ausrichtung!

### Ausrichtung (Abweichung in Grad von Süden)

| Dachneigung | Süd 0 | 10 | 20 | 30 | SüdOst SüdWest 40 | 50 | 60 | 70 | 80 | Ost West 90 | 100 | 110 | 120 | NordOst NordWest 130 | 140 | 150 | 160 | 170 | Nord 180 |
|---|---|---|---|---|---|---|---|---|---|---|---|---|---|---|---|---|---|---|---|
| 0° | 87% | 87% | 87% | 87% | 87% | 87% | 87% | 87% | 87% | 87% | 87% | 87% | 87% | 87% | 87% | 87% | 87% | 87% | 87% |
| 10° | 93% | 93% | 93% | 92% | 92% | 91% | 90% | 89% | 88% | 86% | 85% | 84% | 83% | 81% | 81% | 80% | 79% | 79% | 79% |
| 20° | 97% | 97% | 97% | 96% | 95% | 93% | 91% | 89% | 87% | 85% | 82% | 80% | 77% | 75% | 73% | 71% | 70% | 70% | 70% |
| 30° | 100% | 99% | 99% | 97% | 96% | 94% | 91% | 88% | 85% | 82% | 79% | 75% | 72% | 69% | 66% | 64% | 62% | 61% | 61% |
| 40° | 100% | 99% | 99% | 97% | 95% | 93% | 90% | 86% | 83% | 79% | 75% | 71% | 67% | 63% | 59% | 56% | 54% | 52% | 52% |
| 50° | 98% | 97% | 96% | 95% | 93% | 90% | 87% | 83% | 79% | 75% | 70% | 66% | 61% | 56% | 52% | 48% | 45% | 44% | 43% |
| 60° | 94% | 93% | 92% | 91% | 88% | 85% | 82% | 78% | 74% | 70% | 65% | 60% | 55% | 50% | 46% | 41% | 38% | 36% | 35% |
| 70° | 88% | 87% | 86% | 85% | 82% | 79% | 76% | 72% | 68% | 70% | 58% | 54% | 49% | 44% | 39% | 35% | 32% | 29% | 28% |
| 80° | 80% | 79% | 78% | 77% | 75% | 72% | 68% | 65% | 61% | 56% | 51% | 47% | 42% | 37% | 33% | 29% | 26% | 24% | 23% |
| 90° | 69% | 69% | 69% | 67% | 65% | 63% | 60% | 56% | 53% | 48% | 44% | 40% | 35% | 31% | 27% | 24% | 21% | 19% | 18% |

Abb. 12: Dachneigung und -ausrichtung (Solarterrassen)

Nachfolgend ist der Wirkungsgrad der Anlagenteile und der damit zu erzielenden Leistung zu berücksichtigen. Dabei bleiben die Anschlussleitungen unberücksichtigt, da die Wirkungsverluste hier minimal sind.

Das folgende Rechenbeispiel basiert auf einer Anlagengröße von 600 Watt mit durchschnittlichen Wirkungsgraden.

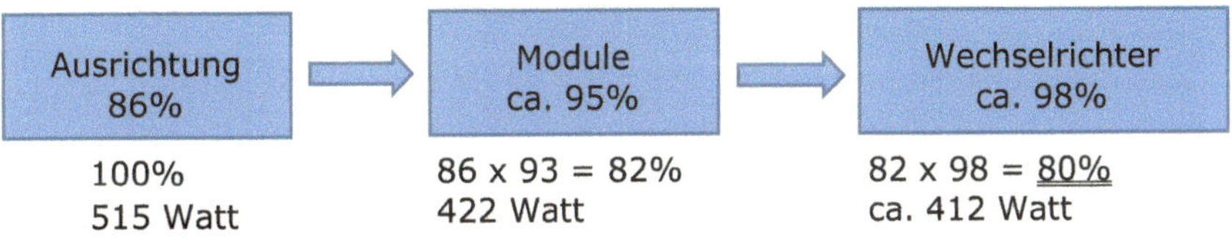


Abb. 13: Wirkungsgrad (eigene Darstellung)

Nach Einfließen der Modulausrichtung und des Wirkungsgrads der Anlagenteile wird in Abbildung 13 ein Gesamtwirkungsgrad von circa 80% erreicht. Dies bedeutet, eine 600 Watt-Anlage erreicht an dem geplanten

Standort eine echte Maximalleistung von circa 412 Watt bei bestem Sonnenstand nach Ausrichtung der Anlage. Zu erwähnen ist zudem, dass an dem geplanten Ort keine Abschattung stattfindet, da der in Abbildung 11 links dargestellte Baum noch vor der Installation entfernt wurde.

Vor der Ausrichtung der Anlage muss jedoch die Bestrahlungsstärke berücksichtigt werden. In Abbildung 14 ist die durchschnittliche Bestrahlung für die Stadt Berlin dargestellt. Diese kann als repräsentativ für die Lage der geplanten PV-Anlage betrachtet werden.

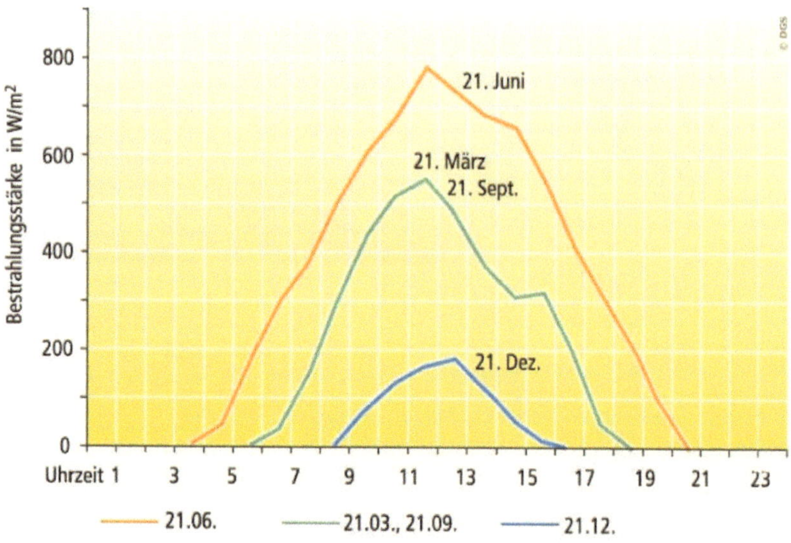


Abb. 14: Tagesgänge der Sonnenstrahlung (Hartmann, et al., 2007)

Dass die Grundlast im Winter nicht mehr gedeckt werden kann und Solaranlagen ohne Akku ohnehin in den Wintermonaten Schwierigkeiten haben, den notwendigen Bedarf zu decken, ist hinlänglich bekannt und in Abbildung 14 in der blauen Linie deutlich erkennbar. Daher wurde bei dem vorliegenden Projekt das Augenmerk auf die übrigen Jahreszeiten gelegt. Anhand der Verbrauchsdaten aus der in Kapitel 4.1.2 erwähnten App und des in Abbildung 14 dargestellten Diagramms konnte ein ungefährer Ertrag einer 600 Watt-Anlage á 2 Module mit 1,7 m² Fläche ermittelt und mit dem Bedarf abgeglichen werden. Aus der Aufstellung in Abbildung 15 geht deutlich hervor, dass die Wintermonate kaum zum Ertrag beisteuern. Rot dargestellt sind die Erträge, die den Eigenbedarf übersteigen und somit unentgeltlich in das Netz eingespeist werden. Der überschüssig produzierte Strom wird in der Kalkulation nicht berechnet und fließt somit nicht in die Endsumme ein, die durch die Anlage eingespart wurde. Die ersparte Summe basiert auf dem aktuellen Strompreis vom 01.02.2022 von 0,3879 €/kWh und auf einer maximalen Bestrahlungsstärke von 1000 Watt/m², wie es bei den Standard-Test-Konditionen üblich ist (Alternative Energy Tutorials) und auch in den Unterlagen der jeweiligen Solarmodule angegeben wird.

| | Strahlung | Strahlung % | Verbrauch | Ertrag | Monate | Tage | Tag gespart | Jahr gespart |
|---|---|---|---|---|---|---|---|---|
| **Winter** | | | | | 4 | 104 | | |
| Wochentag | | | | | | | | |
| 10 - 12 Uhr | 120 W/m² | 16,3 | 160 Watt/h | 98 Watt/h | | | 0,0760 € | |
| 12 - 13 Uhr | 140 W/m² | 19,0 | 160 Watt/h | 114 Watt/h | | | 0,0443 € | |
| 13 - 14 Uhr | 120 W/m² | 16,3 | 160 Watt/h | 98 Watt/h | | | 0,0380 € | |
| Sonntag | | | | | | 16 | | |
| 10 - 14 Uhr | 130 W/m² | 17,7 | 700 Watt/h | 106 Watt/h | | | 0,1646 € | 2,63 € |
| Summe Woche | | | | | | | 0,1583 € | 16,46 € |
| **Frühling/Herbst** | | | | | 5 | 133 | | |
| Wochentag | | | | | | | | |
| 7 - 8 Uhr | 100 W/m² | 13,6 | ca. 400 Watt/h | 82 Watt/h | | | 0,0317 € | |
| 8 - 11 Uhr | 400 W/m² | 54,4 | 160 Watt/h | 326 Watt/h | | | 0,1862 € | |
| 11 - 12 Uhr | 550 W/m² | 74,8 | 160 Watt/h | 449 Watt/h | | | 0,1241 € | |
| 12 - 15 Uhr | 400 W/m² | 54,4 | 160 Watt/h | 326 Watt/h | | | 0,1862 € | |
| 15 - 17 Uhr | 280 W/m² | 38,1 | ca. 1000 Watt/h | 228 Watt/h | | | 0,1773 € | |
| Sonntag | | | | | | 20 | | |
| 8 - 17 Uhr | 220 W/m² | 29,9 | 700 Watt/h | 180 Watt/h | | | 0,5571 € | 11,14 € |
| Summe Woche | | | | | | | 0,7054 € | 93,82 € |
| **Sommer** | | | | | 3 | 81 | | |
| Wochentag | | | | | | | | |
| 7 - 8 Uhr | 350 W/m² | 47,6 | 400 Watt/h | 286 Watt/h | | | 0,1108 € | |
| 8 - 15 Uhr | 600 W/m² | 81,6 | 160 Watt/h | 490 Watt/h | | | 0,4344 € | |
| 15 - 17 Uhr | 550 W/m² | 74,8 | ca. 1000 Watt/h | 449 Watt/h | | | 0,3482 € | |
| 17 - 18 Uhr | 320 W/m² | 43,5 | ca. 600 Watt/h | 261 Watt/h | | | 0,2026 € | |
| 18 - 20 Uhr | 130 W/m² | 17,7 | ca. 600 Watt/h | 106 Watt/h | | | 0,0823 € | |
| Sonntag | | | | | | 12 | | |
| 8 - 18 Uhr | 380 W/m² | 51,7 | 700 Watt/h | 310 Watt/h | | | 1,0825 € | 12,99 € |
| Summe Woche | | | | | | | 1,1783 € | 95,44 € |
| | | | | | | | **Summe Ersparnis** | **232,49 €** |

Abb. 15: Berechnung Ertrag (eigene Berechnung)

Aus der in Abbildung 15 dargestellten Berechnung wurde deutlich, dass eine 600 Watt-Anlage für den Zweck der Eigentümer vollkommen ausreichend ist.

## 4.2   Technische Realisierungsphase

In dem Kapitel wird die Wahl der Anlagenteile, die Monate und die erneute Datensammlung nach Installation erläutert.

### 4.2.1 Wechselrichter

Da eine Plug & Play-Anlage direkt an eine Hausleitung angeschlossen und diese Leitung grundsätzlich einphasig verlegt wird, ist ein Wechselrichter mit einem einphasigen Anschluss, sowie eine Ausgangsleistung von 600 Watt notwendig, um die Vorgaben der Stadtwerke zu erfüllen und keinen Mehraufwand für eine Genehmigung zu generieren.
Hier kamen zwei Modelle in die nähere Auswahl:

| Daten | SolaX X1-0.6 | Growatt MIC 600TL-X |
|---|---|---|
| DC Eingangsleistung | 900 Watt | 1050 Watt |
| AC Ausgangsleistung | 600 Watt | 600 Watt |
| Kosten | ca. 360€ | ca. 360€ |
| WiFi Auswertung | optional | inklusive |
| Euro. Wirkungsgrad | 95% | 95,50% |
| Garantie | 5 Jahre | min. 5,5 Jahre |
| Eigenverbrauch | Keine Angabe | <0,5 Watt |
| Start-Spannung | 50 V | 50 V |
| Support | Englisch | Deutsch |

Abb. 16: Vergleich Wechselrichter (Growatt) (Solarx Power)

Die wichtigsten Vergleichsdaten sind in Abbildung 16 dargestellt. Da der Wechselrichter Growatt MIC 600TL-X in den Punkten wie der Eingangsleistung, WiFi-Auswertung und Support Vorteile bietet, wurde dieses Modell gewählt. Hervorzuheben ist die Eingangsleistung von 1050 Watt, die es ermöglicht, die Solarmodule so groß zu wählen, dass der Bestrahlungsgerad und der Wirkungsgrad der Anlagenteile ausgeglichen werden kann.

## 4.2.2 Solarmodule

Da die Zahl von zwei Solarmodulen ausreichend ist und die maximale Eingangsleistung des Wechselrichters 1050 Watt betragen kann, können hier Module größer als 300 Watt gewählt werden, um so den ermittelten Betrag bei geringerer Strahlung nochmals zu steigern.

Es wurden daher Solarmodle um die 400 Watt verglichen, wie in Abbildung 17 dargestellt:

| Daten | 2 x Astronergy | 2 x EcoDelta | 2 x Hyundai |
|---|---|---|---|
| Leistung [Wp] | 400 | 400 | 410 |
| Größe [mm] | 1708x1133 | 1646x1140 | 1719x1140 |
| Dicke [mm] | 30 | 30 | 35 |
| Kosten [€] | ca. 570 | ca. 530 | ca. 650 |
| Gewicht [kg] | 21,5 | 20,5 | 22 |
| Garantie | 25 Jahre / 84 % | 25 Jahre / 84 % | 25 Jahre / 84 % |
| Zellen | 108 | 360 | 340 |

Abb. 17: Vergleich Solarmodule (Hyndai) (Astronenergy) (EcoDelta)

Aufgrund der hohen Anzahl von Zellen und der angemessenen Kosten wurde sich für das Modell von EcoDelta entschieden.

## 4.2.3 Montage und Anschluss

Abb. 18: Installation Wechselrichter (eigene Aufnahme)

Abb. 19: Montage PV-Module (eigene Aufnahme)

Nach Absprache mit dem Installateur sollte die Anlage an einem Tag mit guter Wetterlage angebracht werden. Der ursprüngliche Plan, die Anlage in der KW 10 anzuschließen, war aufgrund einer Corona-Infektion bei der Projektleitung nicht möglich. In der Risikobetrachtung fehlte der Faktor Krankheit, dies wird bei der Nachbesprechung für mögliche Folgeprojekte angemerkt. Der Verzug kann dem Terminplan in Anhang III entnommen werden.

Der Anschluss der Anlage, und damit der in Abbildung 18 und 19 dargestellte Meilenstein 2.1 in Anhang II, erfolgte in der KW 15, jedoch auch nicht ohne Probleme: Die Projektleitung registrierte fehlerhafte Daten nach dem Anschluss und stellte nach einer Sichtkontrolle einen fehlerhaften durchgeführten Anschluss durch den Installateur fest. Der Fehler wurde in der KW 16 behoben. Das Risiko eines fehlerhaft durchgeführten Anschlusses durch eine dafür ausgebildete Fachkraft fällt unter Punkt 3 der Steakholderanalyse aus der Projektskizze (Klewe, 2022). Da der Fehler schnell behoben wurde, entstand kein nennenswerter Verzug für das Projekt.

### 4.2.4 Anmeldeverfahren

In diesem Kapitel wird der Anmeldeprozess dargestellt, da zu Beginn des Projektes ein deutlich geringerer Aufwand erwartet wurde. Einem Gespräch mit Vertretern der Stadtwerke folgend sollte die Anmeldung durch den Installateur erfolgen. Dieser stellte die Anmeldung auch in Rechnung, jedoch verlief diese fehlerhaft: Die Dokumente wurden mit einer falschen Anlagengröße eingereicht und nicht unterzeichnet.
Die folgenden Dokumente sowie Anmeldungen mussten daher erneut vom Projektleiter eingereicht werden:
- VDE-AR-N 4105:2018-11
    - E.1 Antragstellung
    - E.2 Datenblatt für Erzeugungsanlage
    - E.4 Einheitszertifikat
    - E.6 Zertifikat für den NA-Schutz
    - E.7 Anforderung an den Prüfbericht zum NA-Schutz
    - E.8 Inbetriebsetzungsprotokoll

- Inbetriebsetzung Stadtwerke (Stadtwerke Wernigerode, 2022)
- Anmeldung Stadtwerke (Stadtwerke Wernigerode, 2022)
- Registrierung Marktstammdatenregister (Marktstammdatenregister, 2022)

Die genannten Unterlagen liegen der Projektleitung vor und können bei Bedarf eingesehen werden.

Mit dem Risiko, dass dieser Prozess durch den Installateur nicht korrekt ausgeführt wird, wurde im Vorfeld nicht gerechnet. Da die Anlage zu keinem Zeitpunkt von einer Abschaltung bedroht war, entstand kein Problem im Zeitmanagement. Diese Phase wurde jedoch nicht im Ablaufplanplan eingeplant, da diese im Hintergrund durch den Installateur übernommen werden sollte. Es entstand ein nicht eingeplanter Arbeitsaufwand in der Projektleitung.

## 4.3   Datensammlung

Aufgrund der Verzögerung bei der Montage und Installation der Anlage ist ein verkürzter Zeitraum der Erfassung von Vergleichsdaten vorhanden. In den KW 17 bis 22 konnten Energieerzeugungsdaten der Solaranlage erfasst werden. Hierbei war es entscheidend, Daten eines vollen Monats für einen korrekten Vergleich vorliegen zu haben.
Erfasst wurden die Daten am Zähler durch den Poweropti+ (siehe Kapitel 4.1.1) sowie durch das Wi-Fi-Modul am Wechselrichter.
Des Weiteren wurde ein Softwareprogram verwendet, das Wetterprogosen, die Ausrichtung und Lage der Anlage sowie vergangene Verbrauchsdaten miteinander vergleicht und so die theoretische Einsparung über das Jahr hinweg ermittelt. Das Ergebnis wurde dem berechneten Ergebnis der Projektleitung gegenübergestellt, um ein möglichst realistisches Ergebnis zu erhalten.

# 5 Abschlussphase

In diesem Kapitel werden die Endgültigen Ergebnisse präsentiert und anhand dieser die Wirtschaftlichkeit betrachtet.

## 5.1 Visualisierung der Ergebnisse

In den Kapiteln 4.1.2 und 4.1.3 wurde bereits eine mögliche Einsparung anhand des Poweropti+ und eine mögliche Ausrichtung der Anlage sowie Wetterlagen ermittelt. Mit der Software PV*SOL® premium (Valentin Software, 2022) konnten die bisher ermittelten Verbrauchsdaten in das Programm eingespeist und dadurch ein theoretischer Jahresverlauf erstellt werden. Des Weiteren bietet die Software einen Pool aus Wechselrichtern und PV-Modulen, mit der in der Software ein Anlagenmodel gebaut werden kann. Es handelt sich um eine professionelle Software, die jedoch 30 Tage lang unentgeltlich getestet werden kann. In dieser Zeit konnte ermittelt werden, dass im Monat Mai die Anlage einen Verbrauch von etwa 100 kWh einsparen sollte. Dies ist in Abbildung 20 gelb dargestellt.

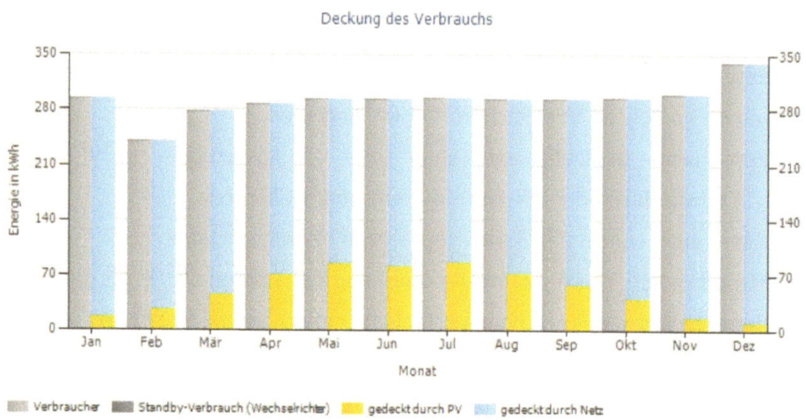


Abb. 20: Deckung durch PV-Anlage (Valentin Software, 2022)

Abb. 21: Daten Mai (Power42 GmbH, 2021-2022)

Zum realen Vergleich dienen die in Abbildung 21 dargestellten tatsächlichen Verbrauchsdaten des Poweropti+. Hier ist deutlich zu erkennen, dass im Monat Mai der Verbrauch aus dem Stromnetz im Vergleich zum Vormonat gesunken ist. Die Monate April und Mai unterscheide sich im Verbraucherverhalten der Bewohner kaum, daher bieten sich diese für einen Vergleich an. Der Strombedarf aus dem Netz hat sich um circa ein Drittel reduziert, was etwa 100 kWh entspricht und damit die in Abbildung 19 dargestellten Ergebnisse der Software bestätigt.

## 5.2   Wirtschaftlichkeit

Das geplante Budget konnte durch gute Finanzplanung um 12% gemindert werden. Der Budgetplan ist dem Anhang IV beigeführt.

Bei der Beurteilung nach der Wirtschaftlichkeit muss berücksichtigt werden, dass nicht die gesamten Projektkosten in die Wirtschaftlichkeitsbetrachtung einfließen. Es handelt sich hierbei um eine Kleinst-PV-Anlage, die im Normalfall nicht von einem Solateur, sondern selbstständig geplant und installiert wird. Eine Ausnahme stellt die Inbetriebnahme dar, die ein Elektroinstallateur übernimmt. Die Wirtschaftlichkeitsbetrachtung ist also nur dann sinnvoll und korrekt, wenn die Kosten der Projektleitung sowie des Poweropti+ und des dafür notwenigen Stromzählers nicht einfließen, da diese ausschließlich der vorliegenden Projektarbeit dienlich und für den Aufbau einer solchen Anlage im privaten Umfeld nicht notwendig sind.

Berücksichtigt werden daher die folgenden Kosten:

- Anlage inklusive Befestigung      965,55 €
- Installateur      181,05 €

Diese Ausgaben können nun durch die ermittelte Jahreseinsparung geteilt werden.

Im Vorfeld wurde in Abbildung 15 eine Einsparung von 232,49 € ermittelt.

Die Software ermittelte anhand eines genauen Verbrauchsprofils eine Jahreseinsparung von 228,90 €, dargestellt in Abbildung 22:

| Wirtschaftlichkeit | |
| --- | --- |
| Gesamtkapitalrendite | 13,11 % |
| Erlöse und Einsparungen | 228,9 €/Jahr |
| Kumulierter Cashflow | 878,99 € |

Abb. 22: Wirtschaftlichkeit (Valentin Software, 2022)

Die Werte unterscheiden sich nur geringfügig, daher kann angenommen werden, dass die theoretische Ermittlung zutreffend ist. Die Witterung und der Klimawandel sind jedoch Phänomene, die nie präzise vorhergesagt werden können, hier muss grundsätzlich immer mit Abweichungen gerechnet werden.

Weiterhin erfolgt ab dem 01.07.2022 eine Absenkung der EEG-Umlage zu 100%, was zu einer leichten Vergünstigung der Strompreise führt (Stadtwerke Wernigerode, 2022). Der Betrag von 232,49 € verringert sich somit auf 217,50 €.

Gesamtaufwand / Jahresertrag = Jahre

    1146,60 € / 217,50 €    = 5,3 Jahre

Die getätigte Investition lässt sich nach circa fünf Jahren durch die geleisteten Erträge der Anlage decken. Eine Amortisation innerhalb von zehn Jahren ist realistisch, dargestellt in Abbildung 23:

| | Jahr 1 | Jahr 2 | Jahr 3 | Jahr 4 | Jahr 5 | Jahr 6 | Jahr 7 | Jahr 8 | Jahr 9 | Jahr |
| --- | --- | --- | --- | --- | --- | --- | --- | --- | --- | --- |
| Investition | -1.146,60 € | 0 | 0 | 0 | 0 | 0 | 0 | 0 | 0 | 0 |
| Einsparung Strombezug | 217,50 € | 223,12 € | 225,36 € | 227,61 € | 229,88 € | 232,18 € | 234,50 € | 236,84 € | 239,21 € | 241,6( |
| Jährlicher Cashflow | -929,10 € | 223,12 € | 225,36 € | 227,61 € | 229,88 € | 232,18 € | 234,50 € | 236,84 € | 239,21 € | 241,6( |
| Kumulierter Cashflow | -929,10 € | -705,98 € | -480,62 € | -253,01 € | -23,13 € | 209,05 € | 443,55 € | 680,39 € | 919,60 € | 1.161,2( |

Abb. 23: Amortisation (eigene Darstellung)

# 6 Zusammenfassung

In dem Kapitel werden Schlüsse für mögliche Folgeprojekte und ähnliche
Projekte gezogen, die Entwicklung in der Zukunft für Anlagen dieser Art
wird dargelegt und es wird ein Schlussfazit gezogen.

## 6.1 Erkenntnisse

Zusammenfassend kann festgestellt werden, dass eine Kleinst-PV-Anlage
für einen Einfamilienhaushalt mit einem entsprechenden
Grundstromverbrauch durchaus eine lohnenswerte Investition darstellt.
Dies gilt jedoch nicht für Neubauten oder Hausbesitzer, die sich in naher
Zukunft ein Elektroauto zulegen wollen. Hier empfiehlt sich eine
Investition in eine große PV-Anlage mit einem entsprechenden Speicher,
da Elektroautos einen sehr hohen Strombedarf haben, der vor allem
nachts gedeckt wird.
In dem vorliegenden Projekt leben die Besitzer bereits seit fast 25 Jahren
in dem Haus und sind in einem Alter, das gegen eine derartige Investition
spricht. Die gewählte Anlage entspricht den Bedürfnissen der Eigentümer.
Das oberste Ziel des Projektes, die Zufriedenstellung der Eigentümer, ist
erfüllt worden.

## 6.2 Entwicklung

Das Projekt wurde zu einem günstigen Zeitpunkt durchgeführt, da die
Preise für Anlagen noch angemessen waren und die Strompreise gerade
stiegen. Kurz vor Abschluss des Projekts wurden bereits starke
Preissteigerungen von PV-Anlagen verzeichnet, wodurch sich eine
Amortisation möglicherweise um bis zu 2 Jahre verlängert.
Die Strompreise sind in den vergangenen Monaten stark angestiegen, was
unter anderem an insolventen Billigstromanbietern wie Stromio und
Grünwelt lag. Dies sorgte dafür, dass Grundversorger einspringen

mussten, die kurzfristig Strom einkauften, um alle Kunden beliefern zu können (Gerloff, 2021). Es ist zu erwarten, dass gesetzliche Änderungen diese Entwicklungen in Zukunft verhindern werden.

Mit einer leichten Preissteigerung ist aufgrund der Inflation und einem immer größeren Anteil grünen Stroms zu rechnen.

Durch Ersetzen eines größeren Wechselrichters und weiteren Modulen kann die Anlage in Zukunft bei Bedarf vergrößert werden.

## 6.3   Fazit

Rückblickend kann das Projekt als gut geplant bezeichnet werden es wurden fast alle Ziele erreicht. Der Projektabschluss im Mai, wurde aufgrund von Corona nicht erreicht. Im Risikomanagement muss angemerkt werden, dass ein möglicher Krankheitsfall nicht berücksichtigt wurde und es hierdurch zu einem leichten Zeitverzug kam. Der generelle Zeitpuffer war jedoch so gewählt, dass das Projekt rechtzeitig abgeschlossen werden konnte.
Die Wahl kompetenten Fachpersonals ist ebenfalls als kritisch zu betrachten. Die entsprechenden Kundenbewertungen waren jedoch gut und der Installateur äußerte keinerlei Bedenken, was es schwer machte, die Fähigkeiten einzuschätzen. Grundsätzlich muss von mehr Eigenleistung ausgegangen werden, die in dem vorliegenden Projekt durch die Projektleitung übernommen wurde.

Abschließend wurde das Projekt erfolgreich umgesetzt.

# 7 Quellenverzeichnis

**Alpha Solar** Kundenberatung [Telephon]. - Hallbergmoos : [s.n.], 2022.

**Alternative Energy Tutorials** www.alternative-energy-tutorials.com [Online] = Standard Test Conditions. - 03. 05 2022. - https://www.alternative-energy-tutorials.com/photovoltaics/standard-test-conditions.html.

**Astronenergy** Datenblatt Astro 5s / Hrsg. Chint Solar Co. Ldt.. - Zhejiang : [s.n.].

**bau-tech Solarenergie** Kundenberatung [Telephon]. - Bad Sülze : [s.n.], 2022.

**Bundesnetzagentur** www.bundesnetzagentur.de [Online]. - 15. 10 2021. - https://www.bundesnetzagentur.de/DE/Vportal/Energie/Netzanschluss/start.html.

**Deutsche Industrienorm** DIN VDE 0100-551-1 | 2018-05 // Errichten von Niederspannungsanlagen. - 2018.

**Deutsche Industrienorm** DIN EN 1991-1-3 | 2010-12 // Einwirkungen auf Tragwerke - Teil 1-3: Allgemeine Einwirkungen, Schneelasten. - 2015.

**EasyMeter GmbH** www.easymeter.com [Online]. - 31. 03 2022. - https://www.easymeter.com - https://www.easymeter.com/products/zaehler/q3a.

**EcoDelta** Datenblatt Eco 380-400M-66SA / Hrsg. Eco Delta Power Co. Ltd.. - Changzhou : [s.n.].

**Gerloff Prof. Dr. Rainer** Geschäftsführer Stadtwerke Halberstadt [Interview]. - 2021.

**Growatt** Datenblatt Growatt MIC 600-3300TL-X. - Shenzhen : Shenzhen Growatt New Energy Co., Ltd..

**Hartmann Uwe und Dinziol Martin** Erlebniswelt Erneuerbare Energien: powerado [Bericht] = Astronomische Gegebenheiten. - Berlin : DGS Deutsche Gesellschaft für Sonnenenergie, 2007. - S. 10.

**Heizsparer** www.heizsparer.de [Online]. - 2021. - 05. 05 2022. - https://www.heizsparer.de/solar/photovoltaik/photovoltaik-technik.

**Hyndai** Datenblatt VG Series / Hrsg. Group Hyundai Heavy Industries.

**Klewe Anja** Projektskizze [Bericht]. - Wernigerode : [s.n.], 2022. - S. S. 11.

**Marktstammdatenregister** www.marktstammdatenregister.de [Online]. - 2022. - 04 2022. - https://www.marktstammdatenregister.de/MaStR.

**Power42 GmbH** Datenerfassungsapp // Version 4.2.4. - Berlin : [s.n.], 2021-2022.

**power42 GmbH** https://shop.powerfox.energy/ [Online]. - 31. 03 2022. - https://shop.powerfox.energy/collections/frontpage/products/poweropti-strom?variant=37687960404144.

**power42 GmbH** https://shop.powerfox.energy/ [Online]. - 31. 03 2022. - https://shop.powerfox.energy/collections/frontpage/products/poweropti-1.

**Quaschning V.** Funktionsprinzip einer Solarzelle [Buchabschnitt] // Regenerative Energiesysteme. - Regensburg : Carl Hanser Verlag München, 2019. - Bd. 10.

**Quaschning V.** Herstellung von Solarzellen und Slarmodulen [Buchabschnitt] // Regenerative Energiesysteme. - Regensburg : Carl Hanser Verlag München, 2019. - Bd. 10.

**Ratgeber Solaranlagen** solaranlage-ratgeber.de [Online]. - 15. 10 2021. - https://www.solaranlage-ratgeber.de/photovoltaik/photovoltaik-planung/mini-solaranlagen/mini-solaranlagen-haeufige-fragen.

**Solar Auctions** www.solar-auctions.com [Online]. - 2022. - 05. 05 2022. - https://www.solar-auctions.com/de/produkte/solar-photovoltaik-module.

**Solarterrassen** www.solarcarporte.de [Online]. - 01. 04 2022. - https://www.solarcarporte.de/dachneigung-ausrichtung/.

**Solarx Power** Datenblatt X1 Series. - Tonglu City : Solax power Network Technology Co,. Ltd..

**Stadtwerke Wernigerode** [Online]. - 2022. - 01. 06 2022. - https://www.stadtwerke-wernigerode.de/privatkunden/strom/grundversorgung.html.

**Stadtwerke Wernigerode** Anmeldung einer "Steckerfertigen Erzeugungsanlage" bis 600VA. - Wernigerode : [s.n.], 2022.

**Stadtwerke Wernigerode** Anmeldung Netzanschluss Strom / el. Anlage. - 2022.

**Stadtwerke Wernigerode** Inbetriebsetzung Netzanschluss Strom / el. Anlage. - Wernigerode : [s.n.], 2022.

**Valentin Software** PV*Sol premium. - Berlin : [s.n.], 07. 04 2022.

**VDE FNN** Erzeugungsanlagen am Niederspannungsnetz // Formulare. - 2018.

**VDE FNN** Steckerfertige PV-Anlagen – FAQ [Bericht]. - Berlin : VDE e.V., 2018.

**Wagner Andreas** Inselsysteme und Netzeinspeisesysteme [Buchabschnitt] = Komponenten von PV-Systemen // Photovoltaik Engineering. - Berlin : Springer Vieweg, 2019. - Bd. 5.

# Anhang

## I Projektauftrag

<table>
<tr><td></td><td align="center">Projektauftrag</td><td></td></tr>
</table>

| | |
|---|---|
| **Projektbezeichnung:** | **Auswahl und Installation einer geeigneten PV-Anlage (Balkonkraftwerk)** |
| Kurzbezeichnung des Projektes: | Implementierung einer Plug & Play Anlage |
| Antragsteller: | Anja Klewe |
| Auftraggeber: | |
| Ansprechpartner: | Anja Klewe |

**Ausgangssituation (Anlass, Zweck):**

Aufgrund steigender Energiepreise und des eigenen steigenden Umweltbewusstseins, möchten die Besitzer eines Privathauses eine PV-Anlage installieren.

**Ziele, angestrebte Ergebnisse:**

Ziel ist es, einen kleinen Teil der Stromkosten durch eigen produzierten Strom zu kompensieren. (Ohne Netzeinspeisung)

**Rahmenbedingungen/ kritische Faktoren:**

Das Dach des Wohnhauses ist vom Hausbesitzer nicht für die PV-Anlage freigegeben. Auch soll kein zusätzlicher Aufwand bei steuerlichen Angaben entstehen. Das Einsparpotential soll im Nachhinein ermittelt werden und somit die Amortisationszeit ermittelt werden.

**Wesentliche Projektaufgaben**

Rechtliche und Regulatorische Analyse und Bedingungen, Datensammlung und -analyse, Wahl der geeigneten Anlage

**Meilensteine (eischließlich Termin), Zeitrahmen:**

Stromzählertausch & Messgerät November 2021

Anlageninstallation März/April 2022

**Ressourcen (Budget, Personalaufwand):**

Kleines Budget: 3.000 – 3.400 €

Ein-Personen-Projekt, zusätzlich zertifizierter Elektroinstallateur

**Genehmigungsvermerk:**

**Unterschriften:**       Anja Klewe

| | |
|---|---|
| Datum: 01.09.2021 | Anlagen: / |
| Verfasser: Anja Klewe | |

## II Meilensteinberichte

<table>
<tr>
<td>█████</td>
<td colspan="2" align="center">Meilensteinbericht</td>
<td>█████</td>
</tr>
<tr>
<td>Anja Klewe</td>
<td colspan="2">Projekttitel: Auswahl und Installation einer geeigneten Plug & Play-Anlage</td>
<td>Projekt-Nr.: 0001</td>
</tr>
</table>

**Meilensteinbericht für Meilenstein Nr.: 1.1 und 1.2**

Allgemeines

| Berichtsnummer: | 1 |
|---|---|
| Berichtsdatum: | 03.11.2021 |
| Berichtsbezeichnung: | Installation Stromzähler & Analysegerät |

**Geplantes Meilensteinergebnis**

Austausch des alten Drehstromzählers gegen einen PV-Anlagen-kompatiblen digitalen Zweirichtungszählers. Sowie Installation des Powerfox poweropti+ zur Datenerfassung.

**Erreichtes Meilensteinergebnis**

Geplant = umgesetzt

**Geplante Kosten**

Stromzählertausch 100€ / Messgerät 100€ / Arbeitsstunden Projektleiter 28hx37,66€ = 1055€

**Tatsächliche Kosten**

Stromzählertausch 72,59€ / Messgerät 94,95€ / Arbeitsstunden Projektleiter 25hx37,66€ = 942€

**Budget für die nächste Phase:**

ca. 1800€ (Projektleiter, Elektroinstallateur, PV-Anlage)

**Maßnahmen in der nächsten Phase**

Verbrauchserfassung, um geeignete PV-Anlage zu bestimmen, Kauf PV-Anlage, Absprachen mit Stadtwerken und Installateur

**Nächster Meilenstein**

Montage/Installation der PV-Anlage

| Zur Kenntnisname: ██████ | Zur Genehmigung: ██████ |
|---|---|
| Unterschrift: ██████ | |

| Datum: 03.11.2021 | Anlagen: / | |
|---|---|---|
| Verteiler: Fam. Klewe | Verfasser: Anja Klewe | Seite: 1/1 |

| ████████ | **Meilensteinbericht** | ████████ |
|---|---|---|
| Anja Klewe | Projekttitel: Auswahl und Installation einer geeigneten Plug & Play-Anlage | Projekt-Nr.: 0001 |

**Meilensteinbericht für Meilenstein Nr.: 2.1**

Allgemeines

| **Berichtsnummer:** | **2** |
|---|---|
| **Berichtsdatum:** | 19.04.2022 |
| **Berichtsbezeichnung:** | Montage und Anschluss PV-Anlage |

**Geplantes Meilensteinergebnis**

Montage der PV-Module sowie Anschluss der Anlage und Anbindung an das Netz

**Erreichtes Meilensteinergebnis**

Umsetzung erfolgte am 16.04.2022 – Unplausible Werte aufgrund fehlenden Anschlusses eines Modules.

Korrektur am 19.04.2022

**Geplante Kosten**

Anlage + Befestigung 1.300€ / Installateur 200€ / Arbeitsstunden Projektleiter 7hx35€ = 263€

**Tatsächliche Kosten**

Anlage + Befestigung 966€ / Installateur 181€ / Arbeitsstunden Projektleiter 7hx35€ = 263€

**Budget für die nächste Phase:**

ca. 376€ (Projektleiter) - Projektabschlussphase

**Maßnahmen in der nächsten Phase**

Datenauswertung, Wirtschaftlichkeitsberechnung, Projektabschluss

**Nächster Meilenstein**

/

| Zur Kenntnisname: ████████ | Zur Genehmigung: ████████ |
|---|---|

| Unterschrift: ████████ | |
|---|---|

| Datum: 19.04.2022 | Anlagen: / | Seite: 1/1 |
|---|---|---|
| Verteiler: Fam. Klewe | Verfasser: Anja Klewe | |

# III Terminplan

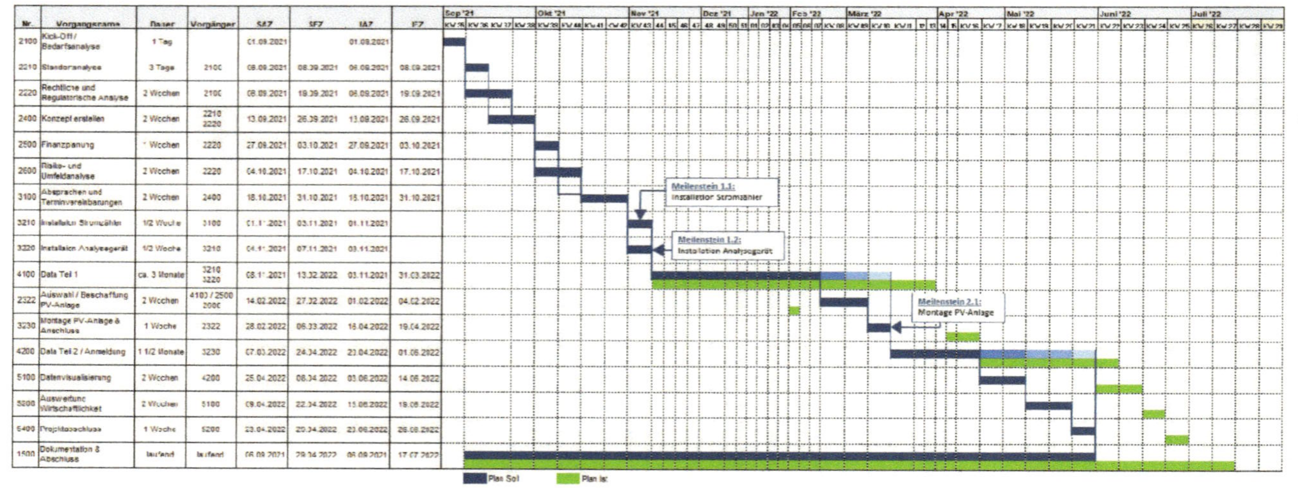

| Nr. | Vorgangsname | Dauer | Vorgänger | SAZ | SEZ | IAZ | IEZ |
|---|---|---|---|---|---|---|---|
| 2100 | Kick-Off / Bedarfsanalyse | 1 Tag | | 01.09.2021 | | 01.09.2021 | |
| 2210 | Standortanalyse | 3 Tage | 2100 | 08.09.2021 | 08.09.2021 | 06.09.2021 | 08.09.2021 |
| 2220 | Rechtliche und Regulatorische Analyse | 2 Wochen | 2100 | 08.09.2021 | 19.09.2021 | 06.09.2021 | 19.09.2021 |
| 2400 | Konzept erstellen | 2 Wochen | 2210 2220 | 13.09.2021 | 26.09.2021 | 13.09.2021 | 26.09.2021 |
| 2500 | Finanzplanung | 1 Wochen | 2220 | 27.09.2021 | 03.10.2021 | 27.09.2021 | 03.10.2021 |
| 2600 | Risiko- und Umfeldanalyse | 2 Wochen | 2220 | 04.10.2021 | 17.10.2021 | 04.10.2021 | 17.10.2021 |
| 3100 | Absprachen und Terminvereinbarungen | 2 Wochen | 2400 | 18.10.2021 | 31.10.2021 | 15.10.2021 | 31.10.2021 |
| 3210 | Installation Stromzähler | 1/2 Woche | 3100 | 01.11.2021 | 03.11.2021 | 01.11.2021 | |
| 3220 | Installation Analysegerät | 1/2 Woche | 3210 | 04.11.2021 | 07.11.2021 | 03.11.2021 | |
| 4100 | Data Teil 1 | ca. 3 Monate | 3210 3220 | 08.11.2021 | 13.02.2022 | 03.11.2021 | 31.03.2022 |
| 2322 | Auswahl / Beschaffung PV-Anlage | 2 Wochen | 4100 / 2500 2600 | 14.02.2022 | 27.02.2022 | 01.02.2022 | 04.02.2022 |
| 3230 | Montage PV-Anlage & Anschluss | 1 Woche | 2322 | 28.02.2022 | 06.03.2022 | 18.04.2022 | 19.04.2022 |
| 4200 | Data Teil 2 / Anmeldung | 1 1/2 Monate | 3230 | 07.03.2022 | 24.04.2022 | 23.04.2022 | 01.06.2022 |
| 5100 | Datenvisualisierung | 2 Wochen | 4200 | 25.04.2022 | 08.04.2022 | 03.06.2022 | 14.06.2022 |
| 5200 | Auswertung Wirtschaftlichkeit | 2 Wochen | 5100 | 09.04.2022 | 22.04.2022 | 15.06.2022 | 19.06.2022 |
| 5400 | Projektabschluss | 1 Woche | 5200 | 23.04.2022 | 20.04.2022 | 23.06.2022 | 26.06.2022 |
| 1500 | Dokumentation & Abschluss | laufend | laufend | 06.09.2021 | 29.04.2022 | 06.09.2021 | 17.07.2022 |

## IV Budgetplan (Ist)

| Arbeitspaket | Sep. | Okt. | Nov. | Feb. | Mär. | Apr. | Mai. | Jun. |
|---|---|---|---|---|---|---|---|---|
| Bedarfsanalyse | 113,49 € | | | | | | | |
| Standortanalyse | 75,66 € | | | | | | | |
| Rechtliche und Regulatorische Analyse | 151,32 € | | | | | | | |
| Konzept erstellen | 151,32 € | | | | | | | |
| Finanzplanung | | 75,66 € | | | | | | |
| Risiko- und Umfeldanalyse | | 75,66 € | | | | | | |
| Absprache und Terminvereinbarungen | | 226,98 € | | | | | | |
| Installation Analysegerät | | | 75,66 € | | | | | |
| Data Teil 1 | | | | 113,49 € | | | | |
| Auswahl / Beschaffung PV-Anlage | | | | 56,75 € | 56,75 € | | | |
| Data Teil 2 | | | | | | 113,49 € | | |
| Daten-visualisierung | | | | | | 75,66 € | 75,66 € | |
| Auswertung Wirtschaftlichkeit | | | | | | | 75,66 € | 37,83 € |
| Anmeldung | | | | | | | | 113,49 € |
| Installation Stromzähler | | | 72,59 € | | | | | |
| Analysegerät | | | 94,95 € | | | | | |
| PV-Anlage | | | | | 965,55 € | | | |
| Installation PV-Anlage | | | | | 181,05 € | | | |
| | | | | | | | | |
| **2.978,66 €** | 491,79 € | 378,30 € | 243,20 € | 170,24 € | 1.203,35 € | 189,15 € | 151,32 € | 151,32 € |